现代搏击入门丛书

# 泰拳运动入门

陶飞 编著

人民体育出版社

**图书在版编目（CIP）数据**

泰拳运动入门 / 陶飞编著. -- 北京：人民体育出版社, 2009（2022.11重印）
（现代搏击入门丛书）
ISBN 978-7-5009-3545-2

Ⅰ. ①泰… Ⅱ. ①陶… Ⅲ. ①泰国拳—基本知识 Ⅳ. ①S886.9

中国版本图书馆CIP数据核字(2008)第170393号

*

人民体育出版社出版发行
国铁印务有限公司印刷
新　华　书　店　经　销

*

850×1168　32开本　5.25印张　119千字
2009年8月第1版　2022年11月第11次印刷
印数：29,501—33,500册

*

ISBN 978-7-5009-3545-2
定价：22.00元

---

社址：北京市东城区体育馆路8号（天坛公园东门）
电话：67151482（发行部）　邮编：100061
传真：67151483　邮购：67118491
网址：www.psphpress.com
（购买本社图书，如遇有缺损页可与邮购部联系）

# 出版说明

随着社会文明程度的不断提高，搏击运动这种集强身健体、磨炼意志、陶冶情操、防身抗暴于一体的对抗性体育运动形式，正以其独特的风格，越来越广泛地引起世人的瞩目。

《现代搏击入门丛书》是专门为广大青少年搏击爱好者所设计的入门级图书。考虑到广大搏击爱好者的不同需求，我们收录了具有代表性的散打、跆拳道、截拳道、泰拳、拳击、柔道、空手道、合气道、中国式摔跤等九个现代较为热门的搏击项目。从这九个现代热门的搏击项目当中，广大搏击爱好者可以看到各个项目的精妙技法，领略到各具特色的搏击风格，还可以根据丛书中的动作图示进行系统的学习和训练。

本套丛书的作者都是专门从事各个项目的专业教练、专业教师。他们有极其丰富的教学经验，通过看他们的图书，能够使读者尽快地掌握各个项目的精妙绝技，从而跨入现代搏击的大门。

# 目　录

# 第一章　概　述

泰拳是一门武艺，也是一种自卫的方法。泰拳中关于“拳术”的解释是“相互击打”，这是一种无论何时何地、男女老少皆可习练的搏击技术，是最大限度地利用身体可利用的部位作为武器进行搏斗的实际运用方法。在泰拳中，身体的每一个部分都会得到充分的利用，泰拳手可以用牙咬、脚踢、拳打、手抓甚至还可以用头部攻击对手，这一切都属于泰拳搏击的技术范围。

## 第一节　泰拳发展概况

历史上，泰国曾经同缅甸发生过数次战争，许多有关泰拳的历史资料在古代缅甸军队攻陷阿育陀耶王朝（或称大城王朝）的都城时遗失了，所以，当代学者对泰拳的历史起源尚有争论，但可以肯定的是泰拳也同其他各类搏击技击术的产生一样，也经历了由低级到高级、由简单到复杂的发展过程。

人类在进化、发展的过程中，不可避免地会遇到野兽及敌人的袭击。在抗争中，人类为了保证自己的安全会本能地运用身体各部位同袭击者搏斗，这就产生了原始的攻防动作。处于原始阶段的远古人类使用棍棒甚至用牙咬、用四肢进行搏斗，从而保护自己。由于时刻都存在防备威胁的意识，这就使得天生的肢体武器被用来作为攻击和防御的工具。这是人类运用拳、肘、膝、腿进行搏斗的开始。

人们为了共同抵御外来的侵袭，便喜欢成群地生活在一起。在那样的年代，身体的力量被认为比精神的力量更为重要。群体的首领必须是身体强壮、技艺出众的人，他必须能带领群体抵御外部敌人，必须教会他的人民在受到侵犯时如何进行自卫，其中就包括了运用拳、肘、膝、腿等身体武器进行角力搏斗的方法。泰民族的祖先们把自己的思想和从生活实践中获得的知识，同攻防的具体实践结合起来，并进一步提炼，于是形成了具有本民族特色的徒手搏击技术。这种运用拳、肘、膝、腿等身体武器进行搏斗的技术被称为“古典泰拳”。

在力量聚集和国家逐渐形成的过程中，泰民族同邻邦不断发生战争。可以说，当时的泰民族几乎只有一个职责，那就是时刻准备去和敌人进行战斗。对君王或者军事领导者来说，泰拳作为自卫术向来都是特别重要的。在很久以前，泰国士兵就开始进行正规的泰拳训练。这是由于在冷兵器时代，军队作战在很大程度上还得依赖于刀剑等兵器。交战双方最后都要利用一切可能利用的武器来进行搏斗，直到决出胜负。因此，拳术是近距离搏斗中必须具备的重要技能，是兵器作战的有效补充。在战争时期，泰拳是对付敌人的必要手段，而在和平时期，士兵习练泰拳则是为可能发生的战争做准备。这种客观需要，是泰民族的搏击技艺得以传承的重要原因。

作为一项体育运动和一项战场技能，泰拳掀起的第一次热潮出现于阿育陀耶王朝的纳黎宣王（1555—1605）时期。当时，士兵普遍习练泰拳，就连纳黎宣王本人也习练泰拳。

泰拳历来被泰国社会各阶层所喜爱，包括贵族阶层和王室。他们不仅喜欢观看泰拳比赛，而且也乐于参与这项体育运动。根据历史资料所载，在阿育陀耶王朝时期，曾有一位被人们称为“虎王”的帕桑拍八世（1697—1709），他本人酷爱泰拳，但考虑到人们对君主的敬畏，以及当时平民与君主身份之间不可逾越的障碍，他常常扮做平民参加民间拳赛，维护和发展泰拳这一有价值的传统搏击技艺。他借体育交流这种形式，为接近和了解人民创造了更多的机会。

泰王拉玛五世（1853—1910，被尊称为朱拉隆功大帝）也极为喜欢泰拳，他经常观看拳赛，特别是汇集了各府高手的泰拳比赛。拉玛五世极力主张推广泰拳，所以，各府最优秀的拳师都会受到他的亲自封赐。

到了拉玛六世时期的1921年，泰王在玫瑰园广场举行泰拳史上最重大的一次赛事，当时，除泰国各府的高手前来曼谷参赛外，还有中国、印度、缅甸的拳师前来参加比赛。

泰拳在注重同周边各国进行交流外，还注重同西方各种搏击术的交流。

早在二百多年前的1788年（泰王拉玛一世亲政的时间），两名法国拳师来到泰国，他们沿着河道游历泰国各地，并以赌博的方式向当地拳师挑战，获取金钱。二人一直未尝败绩。抵达叻达纳哥信（即曼谷）后，他们让翻译向一位贵族提出请求，拟同泰国拳师在京城举行一次赌博性拳赛。这位贵族同拉玛一世的兄弟进行了商议，并请他向泰王报告。拉玛一世的兄弟在报告中写道：

“外国拳师的挑战，表现出对我国的藐视，以为我们在京城也无与之抗衡的拳师，认定我们派不出拳师同他们比赛。如果我们不派出拳师同他们比赛，就将有损我国的声誉。我请求陛下派出精通泰拳技艺的拳师，对他们的狂妄给予痛击。”泰王拉玛一世采纳了他兄弟的意见，并让那位贵族转告法国拳师，胜者将获奖金 4000 泰铢。这在当时是一笔非常可观的金额。

拉玛一世的兄弟从皇家卫队找了一名叫曼潘的拳师，并将赛场定在玉佛寺西面的剧院旁。曼潘身为教练，精通拳术与角力，技艺高超，从未失败过。比赛之日，泰拳师曼潘轻松获胜，使法国拳师无地自容，羞愧万分。

到了 20 世纪初，在第一次世界大战期间，泰国出兵和同盟国协同作战，于是，泰拳开始被西方世界广泛认识。当时，德国美因兹市发行的一份体育读物曾登载了一篇题为《亚洲体育》的文章。文章以惊愕的语气写道："难得一见的泰拳使人震惊！泰拳师机敏、强壮而顽强。泰拳不仅是一项令人震撼的陌生运动，也是一种离奇的娱乐项目。它再一次使法国人感到：暹罗的确是亚洲的一个强大民族。"

旧时，泰拳手在搏斗时没有像今天这样现代化的比赛用具可以使用。那时的泰拳手，用粗棉线把双拳缠得如同铠甲一般，并在拳峰处扎成结，形如贝壳。然后，将双拳在黏液中浸泡，再撒上碎玻璃或沙砾，使双拳表面异常粗糙。后来，这种在双拳表面撒上碎玻璃或沙砾的方法逐渐停止使用，但以棉线缠拳的方法却仍然使用了很久，直到 1929 年才被废弃，取而代之是拳击所用的手套。虽然如此，泰拳手们仍然没有抛弃他们传统的拳击方式或者技术结构，也就是说，在搏斗中仍然使用腿和肘等技法。

20 世纪 30 年代，玫瑰园设立拳台以后，泰拳便开始成为一项具备一系列规则的体育运动。拳台的地板由木质材料铺成，在地板上面铺上用灯芯草做成的垫子。比赛借鉴了拳击规则的回合制，设一名裁判员。拳手戴拳套，穿红色或蓝色短裤进行比赛，每回合 3 分钟，共比赛 5 个回合，回合之间休息 2 分钟。

当今，泰拳已经成为一项拥有众多爱好者的搏击运动，世界各地先后成立了各种泰拳组织，这些组织都为泰拳的推广和发展做出了积极的贡献。

为了使泰拳成为一项国际性的运动，1994 年 12 月 5 日举办了首届“国王杯”泰拳世界冠军赛，1996 年举办了首届“王后杯”女子泰拳赛。1998 年，泰拳被选为第 13 届亚运会的表演项目。2003 年，世界泰拳冠军赛在哈萨克斯坦举行，这是首次在泰国境外举行的泰拳冠军赛。2004 年，业余泰拳赛成为首届亚洲室内运动会项目。2006 年 4 月，在韩国举行的国际体育联合会总会（GENERAL ASSOCIATION OF INTERNATIONAL SPORTS FEDERATIONS，简称 GAISF）大会上，泰拳获得了压倒性的投票，正式成为世界体育大家庭中的一员。2006 年，有 82 个国家参加的首届“泰拳博览会”在各方的努力和支持下获得了圆满成功。

泰拳在中国的正式传播，至少可以追溯到 20 世纪 90 年代。1998 年，在广州泰拳武术俱乐部总裁刘国其先生邀请及泰王国驻昆明总领事馆的积极帮助下，职业泰拳教练首次通过泰国官方渠道进入中国教授泰拳，为中国武术界更为深入地了解泰拳创造了便利的条件。此举在中泰武术交流史上具有极其重要的意义。

2002 年 5 月，广州泰拳武术俱乐部加入国际业余泰拳联合会，2004 年 4 月，该俱乐部成为世界职业泰拳联合会中国代表。至此，中国国内有了被国际泰拳组织认可的泰拳推广机构。

近年来，随着中泰武术交流活动的逐渐开展，中国国内对泰拳的认知度越来越广，武术爱好者对泰拳的兴趣也日趋浓厚，相信泰拳将会成为推动中泰文化交流的重要途径，为促进中国和泰国兄弟般的传统友谊架设新的桥梁。

## 第二节 泰拳史料

现存最早的泰拳史料流传自拉玛三世（1824—1851）时期，其中的图片展示了古代泰拳防御和攻击的技术动作。(图 1–1)

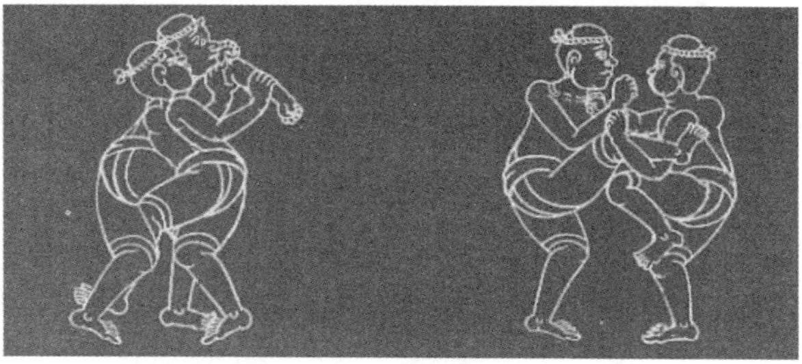

图 1–1

（图片引自 Muay Thai：The Most Distinguished Art of Fighting Panya Kraitus、Dr.Pitisuk Kraitus.）

## 第三节　著名历史人物

### 一、乃克侬东

在泰拳史上，乃克侬东极负盛名。

1767 年秋，由于统治者的软弱无能，泰国历史上的阿育陀耶王朝被缅甸军队占领而灭亡。一些泰国人被缅军俘虏，其中包括许多泰拳师。

1774 年在缅甸仰光，缅王孟拉决定为供奉佛舍利的瑞光大金塔（也称仰光大金塔）举行七天七夜的庆典。庆典的内容包括一些民间艺术表演、戏剧表演和剑法比试等，此外，缅王还下令在泰、缅拳师之间安排一场拳赛，拳台就设在王座前。

在庆典的第一天，一位缅甸贵族将一名泰拳师带到缅王面前参见。裁判员让泰拳师走上前台，并介绍说他名叫乃克侬东，是从阿育陀耶来的著名拳师，而在观众的眼中，乃克侬东不过是一个强壮而顽强的俘虏而已。在场的还有一些泰国俘虏，他们的目光鼓励着乃克侬东。

比赛开始前，乃克侬东绕着对手行拳舞，这使缅甸观众迷惑不解。于是裁判员解释说，这是泰国的传统拳舞，拳师以此表示对其祖师的尊敬，并希望祖师赐予其力量。

比赛一开始，乃克侬东便向对手冲去，凭借犀利的肘、拳，很快将缅甸拳师击倒，但裁判员却宣布缅甸拳师获胜，原因是缅甸拳师被泰拳师的拳舞所迷惑，故不判乃克侬东获胜，还要让他同另外的九名缅甸拳师较量。为维护泰拳的声誉，乃克侬东同意与那九名缅甸拳师比赛。最后一名缅甸高手，也很快就被乃克侬东踢伤。至此再也无人敢向乃克侬东挑战了。

缅王被乃克侬东的拳技深深地吸引住了，于是召见了乃克侬东，并给予了赏赐。

乃克侬东在泰拳史上地位极高，他被认为是使泰拳获得崇高荣誉，并使泰拳的声誉跨越了国界的第一人。他的故事至今尚在缅甸流传。

## 二、“断刀帕雅披猜”

泰拳是一种随时都能使用的身体武器，那些不懂得运用身体武器的搏斗者，即使精于使用各种器械，但在遇到既能使用器械又能够运用身体武器的对手时，也必然会失败。达信王（1734—1782，曼谷王朝之前吞武里王朝的唯一君王，在位15年，被尊称为“达信大帝”）时期的“断刀帕雅披猜”就是一位既能使用器械武器，又能够运用身体武器的勇士。

“断刀帕雅披猜”名通迪（也称为“通迪番考”，意为“白牙通迪”），程逸府人士，自幼喜爱习拳，并时常跟随父母进行训练，以提高技艺。

通迪成年后，曾游历到素可泰府，并随华人武师习练武术。其时，一位华商从达府来到素可泰府，告诉通迪说，达府府尹披耶达信（即后来的达信王）喜好拳术，如果去达府，或许会有成名的好机会。于是通迪便前往达府。途中露宿山林，遇到老虎袭击同行小伴，通迪随即持刀同老虎搏斗，救下小伴。后来，有人发现老虎已死在林中。

通迪到达府后，寄宿在一所寺院。

一天，时任阿育陀耶王朝达府府尹的披耶达信和其他官员准备举行忠于国王的宣誓仪式。其时，披耶达信按照泰民族的传统举行了一次拳赛，地点就设在通迪寄宿的寺院。

听说有拳赛正好在他所住的寺院举行，通迪非常高兴，于是请求参赛。因为找不到满意的对手，通迪便提出要同一位名叫乃浩的拳师比试。寺院住持见过乃浩的拳技，但未曾见过通迪的武艺，闻知通迪将同达府有名的常胜拳师乃浩比赛时，非常担心，便劝告通迪说，乃浩是达府有名的拳师，没有人敢向他挑战，纵然通迪出乎意料地打败乃浩，也不会平安地留在达府，因为乃浩有很多门徒，他们会被通迪的胜利触怒。

因为难得见到有人向无敌拳师乃浩挑战，披耶达信便亲临现场观看比赛。然而通迪听取了寺院住持的劝告，为了避免获胜之后遭到报复，裁判员点名的时候，通迪便没有露面。披耶达信派人找到通迪，当得知通迪曾同猛虎搏斗后，非常想见识通迪的武艺，于是亲自承诺担保通迪的人身安全，比赛才得以进行。

通迪在开始回合只是试探对手，而没有显露身手，于是披耶达信问通迪是否要认输，通迪则请求再试一个回合。第二回合一开始，通迪便纵身跳到对手身后迅速发动攻击。乃浩未能及时应对，最后被通迪击伤而败。此后又有一名拳师向通迪挑战，但身手明显不及通迪，也被击败。披耶达信对通迪的拳技非常满意，于是奖励银两，并当即表示希望留用通迪。

通迪后来被提升为副将。阿育陀耶王朝被攻陷后，在爱国心的鼓舞下，他冒死率领人民抵抗敌军，在战斗中虽然战刀折断了，但他仍然凭借泰拳顽强战斗，最终获得战争的胜利，被尊称为“断刀帕雅披猜”。

“断刀帕雅披猜”被视为运用泰拳战胜敌人的民族英雄。现在，“断刀帕雅披猜”像就立于泰国程逸府办公楼前。

# 第二章　泰拳的文化特色

## 第一节　拜师仪式

泰拳的拜师仪式作为一种传统，已经流传了数代。

各行各业的人才无疑都是老师塑造的，泰拳手也一样。同许多民族一样，泰民族心底深藏着一种文化传统，那就是学生总是敬重老师，对老师有礼貌，并且永远都感激老师。泰拳手通过拜师仪式来证明他们敬仰恩师，并感谢恩师传授知识与智慧。不管从事多么严酷的训练，泰拳手们总是非常尊敬授业恩师。

泰拳拜师仪式的形式会因师承的不同而各有差异。欲拜师学拳者，通常须准备好香、蜡烛、钱等作为贡品，用于拜师仪式，这由拳师各自的要求而定。拳师将收下他们准备好的贡品，并传授技艺。拳师将首先传授拜师的基础动作，即“天神合掌”和“四面梵天”，然后是“三宫步”。有些拳师更喜欢让弟子们在拜师仪式前，先接受良好的基础技术训练，当弟子们掌握了基本技术以后，再举行拜师仪式。虽然拜师仪式的形式和举行拜师仪式时机选择会因师承的不同而各异，但主要目的都是相同的，即弟子通过拜师表示对授业恩师的敬仰和忠诚。事实上，用一些简单的物品，如鲜花、香、蜡烛已足以表达这一心愿了。

按要求准备妥当以后，就可以拜师了。旧时在泰国，人们认为星期四是教师日，泰语中“星期四”一词也是以掌管各种技艺的天神之师来命名的，因此欲拜师者必然会考虑选择星期四作为拜师的日子。

在拜师前，通常要准备好鲜花、香、蜡烛、手帕、泰式浴巾和六枚面值四分之一泰铢的硬币，以及 6 泰尺（1 泰尺约为 0.5 米）白布和盛放圣水的容器等。如果同时有多人一同拜师，那么他们会设下盛宴，其中备有猪肉、鸡肉、鸭肉等肉类。

拜师者必须将鲜花、香、蜡烛献给恩师和“那罗衍”（印度教三大神之一毗湿奴的化身，学武艺者须尊其为师），以示尊敬。当一切准备就绪后，拳师将拿起拳套并举过头顶。这时，拜师者跪拜恩师三次，然后伸手接受恩师手中的拳套。随后，拳师和弟子的双手一起托着拳套，由拳师进行祈福。之后，拳师放开手，弟子则将拳套举过头顶，以示对“罗摩”（毗湿奴的另一化身）的敬意。接着弟子跪拜“那罗衍”三次，跪拜恩师三次。然后，拳师再次进行祈福。如果贡品中备有猪头、鸭肉或者鸡肉，拳师会用刀切成片。弟子将再次向恩师表示敬意，并吃下肉片。如果贡品中还有酒，弟子也要将酒喝下。

接下来进行献祭。祭品包括猪头、熟鸡蛋及甜点、水果之类。作为祭品的水果，必须将其中一个去皮。献祭之前，应先焚香，请“那罗衍”和已故师祖接受献祭。在祭品中间，须备有盛放圣水的容器。当祖师们接受完献祭（即香燃尽）后，再制作圣水，并点燃一支蜡烛。拜师仪式即将结束时，弟子们将吃下祭品，并用圣水淋透全身。

仪式结束时，一尊佛像将被贡于场地中央，作为见证。接着弟子们以“献身舞”表示敬仰。有时他们还会表演拳斗，并有吹奏乐器和打击乐器奏出令人振奋的曲调。按照传统惯例，这时就算正式拜师入门了。

# 第二节　拜师拳舞

泰拳是一门流传自古代的武艺，拜师拳舞是这门武艺的特色标志之一。比赛正式开始前，泰拳手会通过拜师拳舞来表达对父母和师长的敬意，同时也通过拜师拳舞来放松身体，使各部位的肌肉在比赛开始前得到适当的热身。（图 2–1）

①

②

③　　④

图 2-1

以前，在泰国几乎每个拳馆都有各自的拜师拳舞，泰国各个地区也都有不同的拳舞风格，人们可以通过拜师拳舞来辨识拳手的来历。在那个年代，拜师拳舞的主要作用有以下几个方面：

第一，向恩师表示敬意；

第二，祈求平安，获得精神鼓励，克服恐惧；

第三，表明籍贯和师承。

过去，泰拳比赛结束后，获胜者会再次表演拜师拳舞，以示庆祝。后来为了避免让失败方感觉受到羞辱，泰拳手获胜以后就不再表演拜师拳舞了。

当今常见的拜师拳舞有“四面梵天”“少女抹粉”“天鹅飞翔”“罗摩逐鹿”等动作，具体细节会因地区和师承的差异而各有变化，此处不详述。

# 第三节 法术信仰和护身符

泰民族自古就笃信法术。就这方面而言，其他民族恐怕很少能与之相比。直到今天，泰国境内仍然有许多人热衷于法术。

泰拳手们非常相信法术、咒语以及各种神秘的事物，他们认为可以通过这些来迷惑对手，以便打击对手。一些泰拳手甚至会去墓地念咒祈祷，他们在那里冥想，锻炼自己的胆量，为面对对手做好充分准备。

泰拳手相信法术的力量，并且还使用被认为有法力的护身符。这种对法术的信仰以及护身符的使用在古代的绘画中已有所表现。士兵在作战时，或穿着带有咒文及符号的衬衫，或佩戴着绘有法术图案和数字的腰带，有的还通体文身。从绘画所表现的内容中可以看到，所有这些都在战斗中给他们提供了超自然的保护力量——无论是被刀剑刺中，还是被弓箭或弹丸击中，他们甚至都不会受到哪怕较轻微的损伤，而仅仅是在皮肤上显出一些痕印而已。

泰拳教师把法术和咒语教给拳手，并在拳手比赛时赐予护身符，以示保持其力量、决心和恢复力。今日可见的泰拳手护身咒符主要有“蒙坤”及“巴加”。

## 一、“蒙坤”

所谓“蒙坤”，是一种头饰。

“蒙坤”由写有咒文及符号的窄布条制成。布条被裹紧如指头粗，并用缝纫线或被称做“赛辛”的具有宗教意义的法线束紧，然后再用由法师祈过福的布条裹之。最后，将其弯成圈，并把两头结在一起如尾状。“蒙坤”戴在拳手头部时，该尾状物向头部后方伸出。（图 2–2）

①侧面　　②后面

图 2–2

在某些情况下，“蒙坤”也可能用宗教意义上有保护作用的线编织而成，略比大拇指粗，其长度足够盘成大小合适的椭圆戴于拳手头上，然后用绘有法术图案及数字的布料将其包裹，保护起来。其尾部置于拳手头后方，形如烛芯。

无论是用上述某种方法制成，还是用普通的绳索制作而成，“蒙坤”作为一种护身符，已成为泰拳手必不可少的一种头饰。

搏斗前，作为一种仪式，泰拳手头戴“蒙坤”行拜师拳舞，向恩师表示敬意。拳舞完毕后，“蒙坤”由教练或经纪人在第一回合比赛开始前脱去。

泰国各地拳手都喜欢使用“蒙坤”，且各具特征。在旧时，如果想知道拳手来自何地，只需看其拜师拳舞和所佩戴的“蒙坤”便可，而无需询问。但如今，“蒙坤”的地域特征已不是那样鲜明了，各地区的风格特点也不易分辨，所留下的只是混合后的产物。此外，现在人们甚至也不能通过“蒙坤”或“巴加”来辨别某个拳手或其所属团体了。

## 二、“巴加”

“巴加”，为泰拳手的另一种护身符，是一种臂饰，佩戴于拳手一臂或两臂二头肌处，泰拳比赛中不用摘下来。（图2–3）

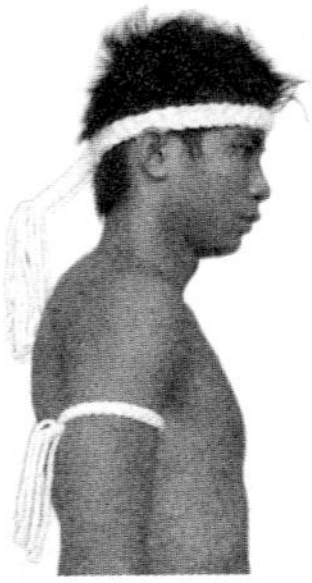

①侧面

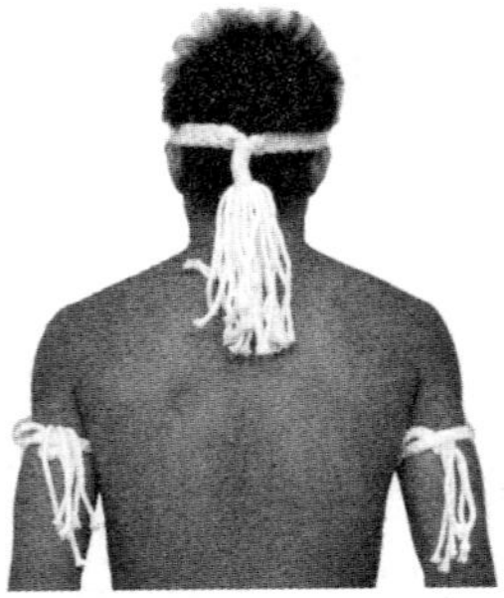

②后面

图 2–3

“巴加”由称做“帕撒鲁”的白色或红色布料制成，也可以用线编成，这由泰拳师的选择或者该护身符本身的规格而定。通常，“巴加”由法师写上特殊数字或符号，注入法力。在“巴加”上书写数字或符号时须遵循法术规定举行仪式，并吟诵咒语。

在古代绘画中可以看出，士兵作战时常常将写有咒文及图案的“巴加”围于手臂，凭借其神秘的保护力量抵御和避开危险。

当今，泰拳手将“巴加”围在上臂上。他们认为，只要有虔诚的信仰，“巴加”将增强他们的力量，并在搏斗中保护他们。

除了“蒙坤”和“巴加”以外，一些同泰拳比赛相关的设施都带有法术信仰的色彩。

登上拳台之前，有的泰拳手会抓起地上的尘土进行抛撒，并念诵咒语，据说这样可以削弱对手。如果没有尘土，他们则用滑石粉代替。旧时，一些来自泰国北方的拳手甚至还会用脚掀起地上的尘土，据说踏过的污物越多，咒语的效力就越强。这些做法其实有一定的实践意义，不过真实的意图被隐藏在了法术的外表之下。旧时代的泰拳手比武时缺乏今天这样的拳台，因而需要在比试之前先了解场地的情况。如果地面由黏土构成，那么腿法的应用会受到影响，拳手就会考虑在比赛时更多地使用拳法和肘法。如果地面足够坚硬，那么拳手就能够获得良好的平衡条件来施展各种技术动作，而如果地面是沙砾，那么拳手就需要留意步法，防止滑倒。

许多同法术信仰和护身符有关的装饰，譬如文身等也属于本章节涉及的范围，不过，这类信仰在今日几乎绝迹，在此不再赘述。

## 第四节　伴奏乐器

泰拳的竞技活动须由音乐伴奏，这是泰拳的特色之一。

泰拳伴奏音乐的曲调随竞技活动的进行而变化多样。泰拳比赛正式开始前的拜师拳舞，其伴奏音乐曲调舒缓，营造出庄严的气氛。比赛开始以后，音乐节奏随之加快，激励拳手勇猛拼搏。

泰拳的伴奏音乐由四名乐手演奏。通常，用来伴奏泰拳竞技的乐器有以下几种：

## 一、爪哇笛

爪哇笛是爪哇式的双簧管。爪哇笛源于印度，传到爪哇后得到了很大改进，成为现在这样相当独特的形状。爪哇人把这种乐器用于各种仪式，爪哇军队还用它来提高军人的士气和热情。爪哇笛的声音能产生令人不易忘怀的感染力，能让人兴奋不已，因而泰民族用它来伴奏泰拳比赛。

爪哇笛为圆柱形，由两个部分构成。顶部长约 27 厘米，而尾部呈扇形展开如镲状，长约 11 厘米。爪哇笛由硬木制成，有 7 个眼，在顶端附有一根小管和 4 个铁环，在尾端有一对镲状部件用线系在笛身上。（图 2–4）

图 2–4

爪哇笛声的感染力和比赛气氛的激烈程度，在很大程度上依赖于爪哇笛的演奏者。

过去有位叫免·撒玛·先巴吉的笛手非常受欢迎。免·撒玛·先巴吉出生于吹笛世家，18 岁时开始学习演奏爪哇笛。其叔父华·免·披耶·巴散·度力亚撒为宫廷乐队总管。他们两人都曾在国王拉玛五世及拉玛六世时期的各种皇家仪式上演奏爪哇笛。他们在宫廷中非常受欢迎。1921 年，玫瑰园拳场第一次启用时，免·撒玛·先巴吉被获准用爪哇笛那不易忘怀的独特笛声来进行演奏。他的乐队是该拳场的第一个乐队。

免·撒玛·先巴吉是这样透露他演奏爪哇笛的秘诀的：

第一，体内器官，如肺和气管等必须强健有力；

第二，演奏用的爪哇笛必须精心挑选；

第三，簧片是最重要的部件，秘诀就在于簧片的制作技术。簧片不过是用一枚干燥的棕榈树叶制成，但其中却有许多奥妙之处。这项制作技术取决于对爪哇笛本身彻底的领悟。

演奏爪哇笛时，有的乐手会通过施咒来使观众集中注意力，该咒称为“大喜咒”。

## 二、印度式双面鼓

印度式双面鼓有两副，即音调高的公鼓和音调低的母鼓，由特殊材料蒙制。用于泰拳比赛的伴奏鼓长约 58 厘米，鼓的两面直径各不相同，较大的一面直径约为 20 厘米，称为“纳莱”，而较小的一面直径约为 18 厘米，称做“纳坦”。乐队中必须有两副鼓，演奏者将鼓放在大腿上，用手击打出令人兴奋的节奏。（图 2–5）

图 2–5

## 三、镲

镲由铁或者铜制成，直径 5.5~6.5 厘米。镲与镲之间用一根绳相连接，以防脱手或者错位。镲虽然小，但是能够增强比赛的激烈气氛。（图 2–6）

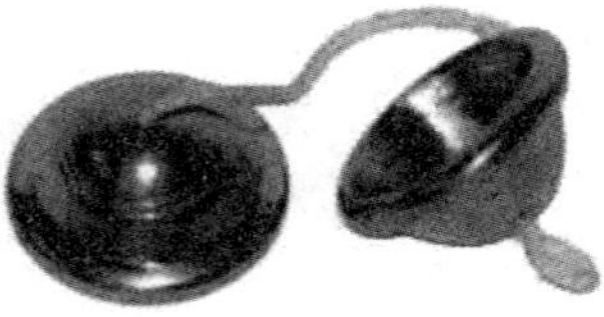

图 2–6

## 四、锣

用于泰拳竞技的伴奏锣源于泰国南部。锣的伴奏能够增强刺激性，增进拳手肾上腺素的分泌。（图 2–7）

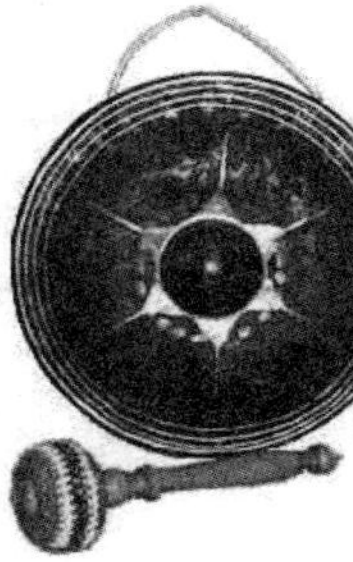

图 2–7

在所有曲目中，首先演奏的是具有缠绵节奏的“撒拉玛”。其平滑流畅的旋律有助于在台上的拳手和观众集中注意力。它创造出某种冥想的气氛，直到拜师拳舞完毕。

比赛信号发出后，乐队将演奏“召森”。在另外几个回合期间，乐队还将演奏“客南”和“客召臣”。在比赛即将结束时，爪哇笛演奏者还会演奏其他曲子，以展示技艺。

# 第三章 基本技术

## 第一节 热身运动

### 一、雕颌

这是一种肘部动作。练习时，双脚以感觉舒适的距离分开站立，然后根据个人习惯抬起左臂或者右臂，使肘部向身体前方突出，手心与同侧耳根相对，上臂与身体成 90°夹角，上臂与前臂呈 45°夹角。（图 3–1）

①

②

图 3–1

完成动作以后，再换另一只手臂练习。熟练掌握以后，就可以练习这种动作的实战应用方法了。

实战应用时，当对手用摆拳攻击我（穿黑裤者）耳部时，

一旦明确其攻击意图，我就抢先以肘攻击对手的下颌；同时，同侧脚踏向对手双脚之间以保持身体平衡，目视对手。（图3–2）

图 3–2

如果能将肘部抬到足够高度，就可以攻击对手鼻部。“雕颌”的实施应该与对手的攻击动作同步进行。这种动作非常有用，而且不需要很大力量就能够重创对手。

## 二、建通天道

这是另外一种肘部动作。练习时，双脚分开站立，然后根据个人习惯以左脚或者右脚向前踏出；同时，抬起同侧手臂，让手背与身体另一侧的耳根相对。上臂与身体成 90°夹角，上臂与前臂成 45°夹角。（图 3–3）

①　　②

图 3–3

这个动作同“雕颌”类似，不同之处是此时前臂斜置于面前，保护的是头部另一侧的耳部，以防对手的进攻。双臂应该交替练习，直到能够运用自如，然后，再配合步法进行实战练习。

这种动作能够瞬间重创对手，被视为泰拳的致命招数之一。当对手用摆拳攻击我（穿黑裤者）耳部时，我立即上步以肘部攻击对手的下颌。（图 3–4）

图 3–4

这时，对手前进出拳的力量和我前进的力量加在一起，使得我能够以足够的力量击中对手颌部，重创对手。

## 三、龙甩尾

练习这种动作可以增强身体的柔韧性。练习时，双脚略微分开站立，然后用脚向后上方快速地踢击臀部。（图 3–5）

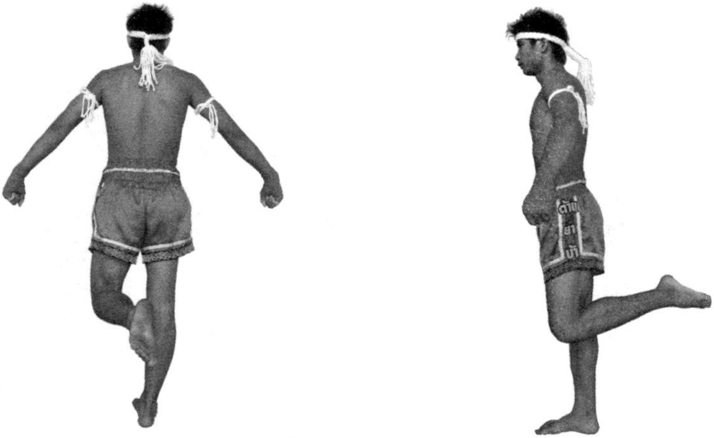

①　②

图 3–5

双脚应该交替练习。练习时，可以双手叉腰，避免上半身跟着运动。

这种动作对于削弱对手战斗力，以及在比赛中得分都能起到作用。当双方纠缠在一起，而对手用膝部向上攻击我时，我可以使用这个动作踢击对手腿部从而保护自己。在比赛中，当裁判员将纠缠双方分开时，我可以运用这个动作踢击对手的小腿部位。

## 四、毁女腰

练习时，双脚分开站立，握紧双拳，两臂屈肘向体侧抬起，使前臂和上臂成水平，双拳置于身体前方，然后分别向后、向前扭转躯干，活动髋关节，摆动双拳。（图 3–6）

①　②　③

图 3–6

“毁女腰”是一种可以重创对手的动作。在逼近对手时，等到目标一进入攻击范围，我就可以使用这个动作向对手实施肘击。如果击打准确、角度合适，就能够轻易重创对手的腰部或者肋部。

## 五、猛虎闯关

练习时，双脚以适当角度分开站立，双臂或单臂屈肘举到与头部同高，然后手臂向后、向下做环绕运动。（图 3–7）

①　　②

图 3–7

向上抬臂时必须有力，如同要用拳攻击对手的太阳神经丛一样。当对手想要搂抱我时，使用这种动作就可以重创对手。

## 六、飞鹞绕巢

这是一种类似髋部转动呼拉圈的动作。练习时，双脚分开站立，双手叉腰，然后以顺时针方向和逆时针方向交替转动髋部。这种练习的目的是锻炼灵活性和柔韧性。泰拳手必须保持腰部灵活。早期的泰拳师们就已经认识到，身体的灵活性和柔韧性是非常重要的身体素质，应该得到高度重视。

实战中，当对手以拳或肘进攻时，我们可以凭借灵活柔韧的腰部，略微将上身后仰就能够避开攻击。

## 七、割稻拌月

这是另外一种锻炼身体柔韧性的动作。练习时，以感觉舒适的距离分开双脚站立，以手指尖接触地面或者脚尖，然后逐渐抬起上身，再尽力后仰下压。（图 3–8）

① ②

图 3–8

向后下压时，双手应置于腰后，起支撑作用。下压的力量由各人的柔韧性，以及从事训练的时间长短而定。

这种动作不仅能够增强身体的柔韧性，还能够强壮腹部肌肉，使腹部在受到攻击时不至丧失战斗力。具备了必要的灵活性和柔韧性以后，当对手向我上身踢击时，我就能够迅速后仰，避开攻击，并在对手失去平衡的同时实施反击。

## 八、御强敌

这是一种提膝动作。练习时，以适当的距离分开双脚站立，一脚向前垫步，另一脚屈膝上提，做出用膝部击向自己胸部的动作。（图 3–9）

①右侧

②左侧

图 3–9

两腿交替进行练习。最初练习时，应该放慢速度，而后随着掌握的熟练程度逐渐加快。

当逼近对方时，可以用这种动作攻击对方的心脏部位，利用这种动作我们就能够腾出双手来保护自己上身，以防对手的攻击。只要能够连续击中对方的心脏部位，即使力量不很强大，也会起到强有力的打击效果。

### 九、剜胸

这是一种踢腿动作。练习时，以适当的距离分开双脚站立，向身体前方伸直手臂，然后以右脚或左脚向上踢击同侧的手掌心或指尖。（图 3–10）

①正面

②侧面

图 3–10

最初练习时应放慢速度，然后逐渐加快。练习这种踢法熟练以后，我们就能够在对手颌部失去防护时踢击其颌部。

## 第二节　警戒姿势

习练泰拳不能仅仅练习攻击技术，还必须懂得在搏斗中怎样保护要害部位，避免遭受致命打击，因而学习关于警戒姿势的专门知识是绝对有必要的。我们可以通过学习警戒姿势来懂得如何保护自己。

正确的警戒姿势应该充分考虑到躯干、脚、手臂和颌部的动作。（图 3–11）

①正面　　②侧面

图 3–11

首先是躯干。上体必须从正面对敌的姿势侧转约 60°。只能让身体的四分之一朝向对手，并且必须随时准备好向对手实施各种攻击，另外也要预先考虑到如何对付对手的反击。

对于泰拳手来说，脚是最有用的。脚的动作必须同身体其他部位的动作协调一致。站立时，两脚应大致平行，这样就能够从任意角度接近对手发动攻击。双脚必须略微内扣，两脚平行，两腿平均支撑体重。警戒姿势是以左脚在前还是右脚在前并不重要，但必须使两腿胫部朝向对手。膝关节应略微弯曲，这样就能够灵活地应付对手的踢击，并且有足够的弹性来运用步法脱离危险。膝部肌肉不必刻意绷紧，因为只要有机会向对手实施攻击，肌肉会自然地对相应动作迅速做出反应。当出现扭抱的情况时，我们可以抬起前腿，使肘部和膝部相互接近，做好出腿踢击的准备。（图 3–12）

图 3–12

手的使用部位有两处，即拳头和肘部。两臂应该时刻处于警戒状态。前手的拳头应与前额同高，后手保护颌部，并用肘部遮住肋部的位置。

颌部是人体最脆弱的部位。向对手进攻时，我们应该略微收紧下颌，将颌部掩于肩部肌肉之后，以保护颌部。（图3–13）

图 3–13

以上谈到的警戒姿势是接近对手时采用的常规姿势。之所以使后手处于颌部的位置，是因为这样才能够保护好颌部和胸部。实战中进行移动时，也必须保持正确的警戒姿势。对于泰拳手来说，步法移动有四个方向，即向前、向后、向左和向右，具体的实施由实际情况而定，但不管是跨步移动还是跳步移动，其主要目的都是为了避开对手的攻击，并为打击对手创造条件。无论选择怎样的移动方向和动作，都必须严格保持警戒姿势，随时准备好防守或者进攻。同对手周旋时，不能坐以待毙，必须诱使对手露出破绽，以便发动攻击。

# 第三节 三 宫 步

泰民族的任何一种艺术形式都以其内在的典雅和优美为特点，泰拳也不例外。泰拳的拜师拳舞及“三宫步”均具有典雅优美的风格特点。

据说“三宫步”是来自于印度古代神话中罗摩王踏遍巨人领地时所使用的技术。

“三宫步”是步法中最具实用性的部分，这种步法能使你的进攻和撤退快速灵活，同时也使得对手不易猜测我方的攻击形式。如果能够流畅地运用“三宫步”，就可以获得良好的实战效果。不管对手多么老练，体格多么健壮，只要我们能够熟练地运用“三宫步”，就可以在实战中获取优势。

“三宫步”的运用方法以泰国西南部素叻他尼府“通扎昌”寺已故住持峦蓬玛所传为代表。其“三宫步”的实战运用有五项内容，介绍如下：

## 一、预备式

以左式为例，两脚分开站立，保持平衡，适当扭转身体，将身体的目标角度缩小一半，重心落在两脚间；将左拳抬至与额同高，右拳接近左臂中部，眼看前方。（图 3–14）

①正面

②侧面

图 3–14

如果右拳距离左臂过远，那么对手就容易踢到我方上体，威胁到肋部。

## 二、提膝式

这种练习的目的是为了锻炼和抵御对手的踢击。在预备式的基础上，左腿提膝，使左腿膝关节靠近左肘部或者让膝关节接触到肘部，以保护腹部。（图 3–15）

①正面　②侧面

图 3–15

小腿应接近大腿，这样可以使腿部肌肉放松，而不至于紧张过度。这种姿势能够让我们用腿来抵挡对手的踢击，保护肋部。按照这种方法左右交替练习，就像在原地慢跑一样。练习时，可以将动作节奏放慢。

## 三、迈步式

接提膝式，向前迈步，左右交替进行、快速平稳地向前方移动。

## 四、截敌式

向前迈步的时候，应该随时准备以刺踢攻击对手，阻止其前进。打击的着力点视时机而定，通常应该把对手支撑体重的前腿或者膝关节周围作为打击目标。因为在泰拳中，双腿是非常重要的。这种动作之所以在泰拳中称为“截敌”，是因为无论何时，不管对手想以哪条腿发动踢击，我都可以抢先截踢对手，从而阻止其进攻。

## 五、破敌式

“破敌式”可分为 4 种动作：

1）左脚滑步接近对手，然后用右脚全力刺踢对手腹部或者附近的其他脆弱部位。（图 3–16）

图 3–16

整个过程必须始终保持警戒姿势，以防对手反击。

2）右脚向右迈出一步，一接触地面，就用左腿踢击对手的腰部附近，然后用左臂挡开对手手臂，并根据实际情况用右

肘击打其颌部、手臂、肩部等部位。（图 3–17）

①

②

图 3–17

3）也可以用右脚踏向对手前方，然后以左膝击打对手胸部下方或者太阳神经丛。（图 3–18）

图 3–18

另外，也可以先假装用左膝击打对手胸部，使对手放低手臂保护该部位。这样，对手必暴露上体的其他目标，我们就可以用右膝击打对手。

4）我（穿黑裤者）还可以假装向前迈步实施蹬踢，当脚接触地面时，略微弯腰，用直拳击打对手的腹部。（图 3–19）

图 3–19

# 第四节　母招与子招

泰拳有很多招法，在很早以前，泰拳的主要招法就已经被划分为两大类，即母招与子招。实战中，某些招法的具体运用会因师承的不同而各有变化，在此仅就一般性的运用举例说明。

## 一、母招

母招有 15 项，介绍如下：

### 1. 鱼牙交错

这项技术用于防守反击。当对手用直拳攻击我（穿黑裤者）时，我可以后撤一步，用手拨开来拳，随即出拳反击。（图 3-20）

①

②

图 3-20

## 2. 飞鸟掀巢

当对手伸出手臂准备搂抱我（穿黑裤者）颈部时，我可以用双手向上插入对手两臂之间，然后用膝反击。（图 3-21）

图 3-21

### 3. 爪哇投矛

当对手用左刺拳攻击我（穿黑裤者）面部时，我可以向右闪到对手外侧，重心前移；同时，弯曲左臂，用肘击打对手肋部。（图 3–22）

### 4. 依诺刺剑

当对方用左直拳攻击我（穿浅色裤者）面部时，我可以闪到对手外侧，重心落在右脚，然后用膝击打对方肋部。（图 3–23）

图 3–22

图 3–23

### 5. 举须弥山

当对手用右腿踢击我（穿黑裤者）上体时，我可以接住对手右腿，并向上抬高，使对手失去平衡而倒地。（图 3–24）

图 3–24

### 6. 老僧掐瓜

当对手用左直拳进攻时，我（穿浅色裤者）可以用左脚踏向右前方；同时，用右手挡开来拳，并用左上勾拳击打对手下颌或者腹部。（图 3–25）

### 7. 孟人撑柱

当对手用右直拳进攻时，我（穿黑裤者）可以弯曲手臂防护面部；同时，向右转体，重心落在右脚，然后蹬踢对手胸部或者下腹部。（图 3–26）

图 3–25

图 3–26

## 8. 插木钉

当对手踢击我躯干时，我（穿浅色裤者）可以用肘端尖锐部位向下砸击对手小腿胫部（图 3–27）。如若使用得当，可以将对手小腿击伤。

图 3–27

## 9. 鳄鱼摆尾

当对手准备进攻时，我（穿黑裤者）可以用左脚踏向右前方；同时，弯曲手臂防护面部，并顺时针转体，然后用右脚向上踢击对手上体。（图 3–28）

图 3–28

### 10. 折象鼻

当对手用右腿踢我肋部时，我（穿黑裤者）可以侧身避开攻击，并接近对手，用左手接住对手右腿并抬高，然后用肘部击打对手大腿上部（图 3–29）。如果能将肘部抬到足够高度，还可以击打对手头部。

图 3–29

### 11. 扭蛇尾

当对手用右腿踢击我（穿浅色裤者）肋部时，我可以用手接住对方脚后跟，并用力猛扭，然后用膝击打对方大腿上部（图 3–30）。实施时必须迅速果断，否则容易遭到反击。

图 3-30

## 12. 飞鸟还巢

当对手暴露出面部目标时，我（穿黑色裤者）可以用右脚踏向左前方，然后逆时针转体，用左肘击打对手。这种技法在泰拳中称为“反肘”。（图 3-31）

图 3-31

### 13. 灭油灯

当对手用右拳进攻时，我（穿浅色裤者）可以用左手防护颌部，左脚前踏一步，上身左闪避开来拳，用手挡住对手右臂并下压，然后迅速出拳，击打对手面部或者眼窝部位（图 3-32）。也可以击打对手心脏或者腹部。

图 3–32

### 14. 魔王捉猴

当对手用左拳攻击我（穿浅色裤者）面部时，我可以用右手挡开来拳；同时，用左手搂住对手颈部，然后实施反击。(图 3–33)

### 15. 折象颈

当对手用左直拳进攻时，我（穿黑裤者）可以用左脚接近对手，用右手挡开来拳；同时，用左手伸向对手颈部，然后抓住其颈部用力下压，随即迅速对其胸部或者腹部施以膝击（图3-34）。如果对手头部被压得很低，还可以用膝击打其面部。

图 3-33

①　　②

图 3-34

## 二、子招

子招也有 15 项，分别是：

### 1. 神象击齿

当对手用右直拳攻击我（穿浅色裤者）上体时，我可以略微向右倾斜避开来拳，然后向左转身，用上勾拳击打对手颌部。（图 3–35）

图 3–35

### 2. 抹面腿

当对手用右拳进攻时，我（穿浅色裤者）可以用右手拨开对手右拳，然后用右腿向上蹬踢对手面部。（图 3–36）

### 3. 魔王偷女

当对手用左拳攻击时，我（穿浅色裤者）可以迅速闪避；

同时，快速接近对手，抱住其腰部往上提，并用下颌压在对手身上，将其摔倒。（图 3–37）

图 3–36

①　　②

图 3–37

### 4. 罗摩射箭

当对手准备用双肘砸击我（穿黑裤者）头部时，我也向对方接近；同时，抬高手臂，使前臂与地面大致平行，以抵挡对手肘击，然后用上勾拳击打对手腹部。（图 3–38）

图 3–38

### 5. 狮子越涧

当对手准备踢击我（穿浅色裤者）头部时，我可以向外侧闪避，然后迅速踢击对手支撑腿的膝关节，阻止其攻击。（图 3–39）

### 6. 鹿回头

当对手用右拳攻击我（穿浅色裤者）面部时，我可以向对手外侧闪避；同时，用右腿踢击对方肋部（图 3–40）。如果对方后撤避开，我可以立即转身，收回右腿作为支撑腿，用左腿踢击对方颌部或者胸部。

图 3–39

图 3–40

### 7. 山神卷土

当对手用右腿向我（穿黑裤者）肋部踢来时，我可以用肘部进行格挡，然后迈右脚接近对手，并逆时针方向转体，用左肘击打对手颌部。（图 3–41）

①

②

图 3–41

### 8. 蛟龙潜海

当对手踢击我（穿黑裤者）颌部或太阳穴时，我可以下蹲闪避（图 3–42），对手踢击落空时，我就可以踢击其膝关节。

①

②

图 3–42

### 9. 神猴献戒

当对手准备用右拳攻击我（穿黑裤者）面部时，我即向其接近，并用双拳攻击对手颌部。实战中，也可以根据实际情况，用左手格挡来拳，并用右拳击打目标。（图 3–43）

图 3–43

### 10. 越人撒网

当对手向我（穿黑裤者）下腹踢来时，我可以用手臂进行格挡，并抓住对手脚跟，然后踢击对方支撑腿的大腿上部或者膝关节。（图 3–44）

### 11. 泰也撑柱

当对手准备用右腿扫踢我（穿黑裤者）肋部时，我可以提

起右腿，蹬踢对方大腿上部。（图 3–45）

图 3–44

图 3–45

### 12. 天鹅折翅

当对手用左直拳攻击我（穿长裤者）面部时，我迅速用左脚踏向对手，并用右臂挡开来拳，然后用左肘向斜下方砸击对手上臂或者颈部。（图 3–46）

图 3–46

### 13. 扎花环

当对手用右直拳攻击我（穿长裤者）面部时，我可以向对手外侧闪避，用左手挡开来拳，然后迅速顺时针方向转体，用右肘击打对手太阳穴。（图 3–47）

### 14. 老僧扫院

当对手用右腿扫踢我（穿短裤者）时，我可以转身闪避；同时，用左腿踢击对手支撑腿的膝关节。（图 3–48）

图 3–47

图 3–48

### 15. 切瓜

当对手用左直拳攻击我（穿短裤者）时，我可以踏向对手内侧，用右臂挡开来拳，然后用左肘击打对手面部。（图 3–49）

图 3-49

# 第五节　拳 法

要想正确地运用泰拳的各种拳法技术，就应该学会正确的握拳方法和出拳原则。

握拳时，先伸开手掌，四指并拢，然后弯曲四指，并用拇指扣紧。（图 3-50）

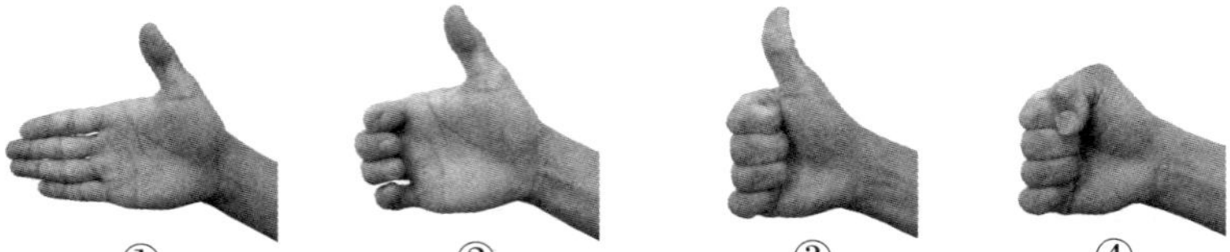

①　②　③　④

图 3-50

拳背应该与上臂大致成一条直线（图 3–51），这样可以避免击中目标时扭伤腕关节。

出拳时，应该以四指根部关节接触目标。（图 3–52）。

图 3–51

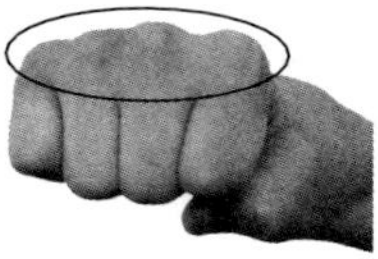

图 3–52

泰拳本身并没有指定该用拳头的哪个部分来打击目标，但出拳时，以指根关节接触目标最具威力。

一记有效的拳击依赖于身体各个部分的协调配合。出拳时，我们应该扭转脚跟以增加转髋的力量，转动髋部以加强扭转肩部的力量，转动肩部以增加出拳的力量。各个动作必须同步实施，这样才能使拳击具有威力。击中目标时，我们应该转动腕关节，这样就能够增强出拳的穿透力，增加对手的防守难度。

拳法打击的目标要根据具体情况来决定，一般是对手的上体到面部的区域。不管击中对手身上何处，出拳以后，我们都应该迅速收回拳头，否则容易暴露空当，遭到对手反击。

泰拳的基本拳法可以分为五类：

## 一、刺拳

刺拳通常是指前手直拳，主要用来干扰对手，或者试探距离，进攻或防守时都可以使用。

以左式为例，练习刺拳时，以警戒姿势站立，然后右脚蹬

地；同时，扭转髋部和肩部，将左拳沿直线送出。（图 3–53）

防守刺拳的方法有七种：

1）阻截。当对手出刺拳时，我（穿黑裤者）可以用手掌来进行阻截。（图 3–54）

图 3–53

图 3–54

这种防守方法做起来并不难，但是必须具有敏锐的判断力。另外，对手刺拳落空以后，我们仍然要警惕对手的其他攻击。

2）向内格挡。对手出刺拳时，我（穿黑裤者）可以用前臂由外向内进行格挡。如果对手出左刺拳，那么我就用右臂从右向左进行格挡。（图 3–55）

图 3–55

3）向外格挡。同向内格挡相反，向外格挡是由内而外将对手的刺拳挡离目标（图 3–56），这样就会使对手身上的目标暴露出来，我便有机会击打对手。

①

②

图 3–56

4）向外闪避。对手出刺拳时，我（穿黑裤者）可以向对手外侧倾斜身体避开来拳，然后用上勾拳或者踢击来反击对手。（图 3–57）

5）向内闪避。同向外闪避相反，当对手出左刺拳时，我（穿黑裤者）可以向对手内侧闪避，然后迅速用上勾拳击打对手颌部或者腹部，或者用膝击打对手。（图 3–58）

图 3–57

图 3–58

6）向下闪避。对手出刺拳时，我（穿黑裤者）可以快速下蹲闪避，让对手的刺拳从我头部上方划过。下蹲的幅度不必太大，只要能使来拳擦过就足够了，否则容易失去平衡。对手刺拳落空后其必然会露出空当，这时我就可以用平勾拳或者上勾拳击打对手上体、胸部或者颌部。（图 3–59）

图 3–59

7）向后闪避。对手出左刺拳时，我（穿短裤者）可以弯曲右腿，将上身略微后仰，这样就能避开对手的攻击（图 3–60）。对手刺拳落空时，我就可以迅速踢击其下腹，阻止其前进。

①

②

图 3–60

## 二、直拳

直拳一般由后手实施，是刺拳的后续拳法。通常，刺拳多用来试探距离，因而出刺拳之后，我们还需要紧接着实施一记直拳。这种组合技术称为“1–2 组合拳”。

1）以左式为例，练习直拳时，以警戒式站立，然后右脚蹬地；同时，扭转髋部和肩部，将右拳沿直线送出。（图 3–61）

图 3–61

2）当对手出左刺拳试探距离时，我（穿短裤者）可以向对手外侧或者内侧摆动身体避开攻击；同时，用左直拳击打对手颌部。（图 3–62）

3）当对手出右摆拳时，我（穿短裤者）可以用左臂挡住来拳，并用右直拳来反击。（图 3–63）

图 3–62

图 3–63

用于防御和反击直拳的方法很多，通常可以用防守刺拳的七种方法来防守直拳，而如果要反击直拳，则可以用以下方法：

4）当对手出右直拳时，我（穿短裤者）可以向对手外侧闪避，使来拳落空，并用右平勾拳击打对手肋部或者腹部。（图 3–64）

5）当对手出右直拳时，我（穿长裤者）也可以向对手外侧闪避，并用上勾拳击打其腹部（图 3–65）。如果有机会，还可以击打对手下颌。

图 3–64

图 3–65

6）对手出右直拳时，我（穿短裤者）还可以向对手外侧闪避，让来拳击空。这样，对手便会暴露出空当，我就可以迅速用肘击打其肋部、腹部或者头部。（图 3–66）

7）当对手出右直拳时，我（穿长裤者）可以抬手阻挡来拳，并用右脚蹬踢对手腹部，迅速将其击倒。（图 3–67）

图 3–66

图 3–67

## 三、摆拳

通常，摆拳的攻击距离较平勾拳远一些。摆拳攻击的目标一般是颌部和肋部。当对手露出空当时，我就可以实施摆拳攻击了。

1）以左式为例，练习右摆拳时，以警戒式站立，然后右脚蹬地，髋部和肩部沿逆时针方向扭转，带动右拳从右向左沿弧线击出。（图 3–68）

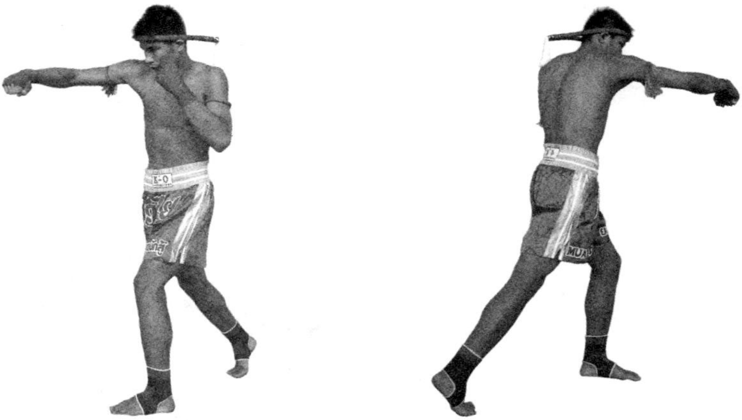

①正面　②侧面

图 3–68

实施摆拳时，前臂同上臂的夹角通常大于 90°，但不主张完全伸直手臂，否则击中目标时可能会损伤肘关节。另外，必须注意步法的配合，如果距离对手较远，可以用左脚向左前方踏出，同时用右拳进攻。

2）当对手用右摆拳攻击我耳部时，我（穿短裤者）可以抬起左臂阻挡来拳，并利用右肘击打对手颌部。（图 3–69）

3）当对手出右摆拳时，我（穿长裤者）可以抬起左臂，用前臂中部到肘关节之间的部分挡住来拳，然后用右上勾拳击打对手下颌。（图 3–70）

图 3–69

图 3–70

4）对手出右摆拳时，我（穿长裤者）可以用左臂进行格挡，然后用右手抓住对手颈部或肩部实施膝击。（图 3–71）

①

②

图 3–71

5）对手用摆拳进攻时，我（穿短裤者）可以将上体略微后仰避开来拳；同时，以左脚蹬踢对手腹部或者肋部。（图3–72）

图 3–72

## 四、上勾拳

上勾拳是近战中非常有威力的拳法。

无论用左手还是右手实施上勾拳，都必须弯曲前腿膝关节，使前臂同上臂成 90°左右夹角，拳心朝向自己，由下而上地出拳。（图 3–73）

出拳时，挺直后腿和上体，以增强攻击力度。如果对手向我靠近，也可以向对手踏进一步，以增加出拳力量。上勾拳的击打目标一般是腹部、胸部和颌部。

①侧面

②正面

③侧面

图 3–73

对付上勾拳的方法很多，例如：

1）当对手向我（穿长裤者）靠近，准备实施右上勾拳时，我可以用左臂将来拳下压，然后迅速用平勾拳或者摆拳击打对手颌部或者头部。（图 3–74）

①

②

图 3–74

2）当对手用右上勾拳进攻时，我（穿短裤者）也可以侧转上体进行闪避，并用右肘击打对手颌部。（图 3-75）

图 3-75

## 五、平勾拳

平勾拳的练习方法和摆拳类似，不过由于平勾拳多用于近战，出拳时，前臂与上臂通常成 90°夹角。（图 3-76）

一些有经验的泰拳手在实施上勾拳以后，往往会接上一记平勾拳。平勾拳的击打目标通常是耳部、颌部和肋部。

①侧面

②正面

③侧面

图 3–76

### 1. 平勾拳的运用

1）当对手实施肘击时，我（穿短裤者）可以用手臂阻挡进攻；同时，扭转身体，用平勾拳击打对手腹部或者肋部。(图 3–77)。

图 3-77

2）平勾拳可以用来对付上勾拳。当对手实施右上勾拳时，我（穿短裤者）可以用左臂挡开来拳，然后用平勾拳击打对手的颌部。（图 3-78）

图 3-78

3）当对手出右直拳时，我（穿短裤者）可以向对手外侧闪避；同时，用平勾拳击打对手腹部或者肋部。（图 3–79）

## 2. 反击平勾拳的方法

1）当对手用右平勾拳攻击我（穿长裤者）颌部时，我可以抬起手臂阻挡进攻，然后用右肘击打对手面部。（图 3–80）

图 3–79

图 3–80

2）当对手想要用平勾拳攻击我（穿短裤者）颌部时，我可以用手挡住来拳，并蹬踢对手下腹。对手自身前进的力量同我们的踢击力量加在一起，将会增强击打力度。（图 3–81）

3）对手出右平勾拳时，我（穿短裤者）也可以倾斜上体避开来拳，使对手的平勾拳击空，随即接近对手，并用膝击打对手腹部。（图 3–82）

图 3–81

图 3–82

# 第六节　肘 法

肘是具有强大威力的武器，优秀的泰拳手能够使用肘法重创对手。在泰拳中，肘的攻击力被认为可以同刀刃相比拟，当肘尖快速划过目标时，可以产生最佳的攻击效果。

最初练习肘法时，我们可以通过击打沙袋来增强肘关节的适应能力。要正确地实施肘击，就应该注意身体各部分动作的协调配合。练习时，两腿必须站稳，前腿迈向对手，然后扭转脚跟、髋部和腰部，把力量传到肩膀，同时挥动肘部，用肘尖击向目标。转体的速度越快，击打力度就越强。实战中，如果想要打击对手的眉部，我们可以用肘尖擦过目标，如果想要打击对手的颌部或者鼻梁，我们就应该直接对准目标进行攻击。

在泰拳中，根据不同的使用情况，肘法可以分为很多类型，这里仅对最常见的肘法进行介绍：

## 一、扫肘

通常，扫肘用于打击面部或者肋部目标。

1）以右式为例，练习右扫肘时，抬起右臂，弯曲肘关节，使上臂与上体成90°夹角，上臂与前臂成30°夹角，然后左脚蹬地，重心移向右脚；同时，逆时针扭转上体，将右肘向左沿弧线送出（图3–83）。扫肘的运动路线应该大致同地面平行。

图 3–83

2）当对手用右直拳攻击我（穿长裤者）面部时，我可以略微弯曲膝关节，倾斜身体向左闪避，并用扫肘击打对手的肋部或者腹部区域（图 3–84）。如果击打力度足够大，那么就可以重创对手。

图 3–84

3）当对手用右平勾拳或者右摆拳进攻我（穿长裤者）时，我可以用左臂挡住来拳，并用扫肘击打对手颌部。（图3-85）

图 3-85

4）在对手保持警戒姿势的情况下，我（穿短裤者）可以先用右摆拳佯攻。当对手抬起左臂进行防守时，其右手往往会放低，暴露出颌部或者喉部，这时，我就可以用扫肘攻击这些目标。（图 3-86）

5）当对手用左上勾拳进攻时，我（穿短裤者）可以侧转身体避开来拳；同时，用扫肘击打对手颌部。（图 3-87）

6）扫肘可以用来反击扫肘。如果对手用右扫肘攻击我（穿长裤者）面部时，我可以用左臂进行格挡；同时，用扫肘击打对手太阳穴或者颌部。（图 3-88）

①

②

图 3-86

图 3-87

图 3-88

7）当对手用左扫肘进攻时，我（穿长裤者）可以提起左腿，蹬向对手腹部或者大腿上部（图 3-89），这种方法能够非常有效地反击扫肘。

图 3–89

## 二、挑肘

挑肘可以根据具体情况由前手或者后手实施，如果与上勾拳配合使用，可以发挥强大的威力。

1）以左手为例，练习挑肘时，用左脚向前迈步，然后挺直上体，用肘部由下而上击打目标（图 3–90）。挑肘的运动路线基本同地面垂直，击打目标通常是对手的颌部。

2）在对手保持警戒姿势的情况下，我（穿短裤者）可以向对手两腿之间迈步，并挺直上体，用挑肘击打对手颌部。（图 3–91）

3）当对手用左摆拳进攻时，我（穿长裤者）可以用右臂阻挡来拳，然后用挑肘击打对手颌部。（图 3–92）

①　　②

图 3–90

图 3–91

图 3–92

4）当对手用右直拳进攻时，我（穿长裤者）可以向对手内侧闪避，并用左直拳击打对手颌部，然后用挑肘加强击打效果。（图 3–93）

①

②

图 3–93

5）当对手用右扫肘进攻时，我（穿短裤者）可以用左臂进行格挡，然后用挑肘击打对手颌部。（图 3–94）

6）挑肘也可以用来对付泰拳中著名的拉颈膝撞技术。当对手想要搂住我（穿长裤者）颈部时，我可以用一只手挡住对手的手臂，干扰其进攻，然后用挑肘进行反击。（图 3–95）

图 3–94

图 3–95

7）当对手实施挑肘时，我（穿短裤者）可以后撤一步避开攻击，然后用膝击打对手腹部或者肋部。（图 3–96）

①

②

图 3–96

8）当对手实施挑肘时，我（穿短裤者）也可以将上体后仰避开攻击，然后踢击对手膝关节。（图 3–97）

9）当对手用右手实施挑肘时，我（穿长裤者）可以向左侧闪避，然后用平勾拳击打对手的腹部或者颌部。（图 3–98）

图 3–97

图 3–98

## 三、斜肘

斜肘是威力强大的肘法之一。

1）以右手为例，练习斜肘时，抬起右臂，弯曲肘部，从右下方向左上方击打目标（图 3–99）。斜肘的运动路线同地面成 45°左右夹角。

①　　②

图 3–99

2）当对手用右拳攻击我（穿黑裤者）面部或者上体时，我可以抬起左臂挡住进攻；同时接近对手，用斜肘击打其颌部。（图 3–100）

3）斜肘也可以用来对付直拳。当对手用直拳进攻时，我（穿黑裤者）可以做出斜肘的动作，用肘尖与对手的拳头相对抗（图 3–101）。这种方法能够使对手腕关节扭伤。

图 3–100

图 3–101

4）当对手想要搂住我（穿浅色裤者）颈部实施膝击时，我可以顺势接近对手，用斜肘击打其颌部。（图 3–102）

图 3-102

5）斜肘可以与膝击配合使用。用膝攻击对手上体时，对手的双臂往往会放低，暴露出面部目标，因而用膝攻击以后，还可以用斜肘击打对手的面部。（图 3-103）

①　　②

图 3-103

6）斜肘也可以与刺拳配合使用。我（穿黑裤者）可以在步法的配合下用右拳试探对手的距离，当对手暴露出面部目标时，我就可以顺势弯曲肘部，用斜肘击打对手。（图 3–104）

①

②

图 3–104

7）我（穿黑裤者）还可以先假装踢击对手腿部，转移对手的注意力，当对手暴露出上体目标时，我就可以立即冲向对手，用斜肘击打对手的颌部。（图 3–105）

①

②

图 3–105

8）当对手用斜肘进攻时，我（穿黑裤者）可以抬起手臂，用前臂进行格挡。（图 3–106）

9）当对手实施斜肘时，我（穿黑裤者）也可以将头部向后仰，避开攻击，随即用膝击打对手腹部。（图 3–107）

图 3–106

图 3–107

10）当对手实施斜肘时，我（穿黑裤者）还可以将上体后仰；同时，用扫踢攻击对手腹部或者肋部。（图 3–108）

11）如果具备良好的洞察力，就可以在对手即将实施斜肘时用腿蹬向对手腹部，阻止对手进攻。（图 3–109）

图 3–108

图 3–109

12）当对手实施斜肘时，我（穿短裤者）可以抬起手臂阻挡攻击；同时，用膝击打对手腹部。（图 3–110）

图 3–110

## 四、砍肘

砍肘的运动路线类似于斜肘，不同之处在于方向相反，即砍肘是由上而下地击打目标。

1）以右手为例，练习砍肘时，抬高右臂，弯曲肘关节，使前臂斜置于面前，然后从左上方向右下方击打目标。（图 3–111）

2）实战中，如果实施斜肘而没有击中目标，这时如果对手疏于防范，我（穿浅色裤者）就可以将肘部按照原路线回拉，由上而下进行砍击。（图 3–112）

图 3–111

图 3–112

3）当对手用右摆拳进攻时，我（穿黑裤者）可以用左臂挡住攻击；同时，用砍肘击打对手肩部或者面部目标。（图3–113）

4）当对手用右腿踢击我（穿浅色裤者）上体时，我可以靠近对手，用左臂夹住其右腿，并用砍肘击打对手小腿胫部或者膝关节。（图3–114）

图3–113

图3–114

5）当对手用膝进攻时，我（穿黑裤者）可以侧转身体避开攻击；同时，接近对手，用砍肘击打其上体目标。（图 3-115）

6）当对手用右砍肘进攻时，我（穿浅色裤者）可以抬起手臂进行格挡，并用膝关节击打对手腹部或者肋部（图 3-116），这样就可以轻易地反击砍肘。

图 3-115

图 3-116

7）当对手用砍肘进攻时，我（穿浅色裤者）可以用手臂挡开攻击，并用挑肘击打对手胸部或者颌部。（图 3–117）

8）当对手准备实施砍肘时，我（穿黑色裤者）可以摆动身体避开攻击，并用上勾拳击打对手腹部或者颌部。（图 3–118）

图 3–117

图 3–118

9）我（穿黑裤者）也可以诱使对手实施砍肘，当对手准备用砍肘进攻时，我则抢先用腿蹬踢击其腹部。（图 3–119）

10）当对手用砍肘进攻时，我（穿浅色裤者）可以用手拨开对手肘部，并用扫踢攻击对手小腿胫部，使其失去平衡。（图 3–120）

图 3–119

图 3–120

11）当对手准备用砍肘攻击我（穿浅色裤者）肩部时，我可以用手挡开攻击，并靠近对手，用平勾拳或者上勾拳击打对手腹部或者肋部。（图 3–121）

图 3–121

## 五、砸肘

砸肘是能够重创对手的肘法，运动方向同挑肘相反。

1）以右手为例，练习砸肘时，侧转身体，用右脚迈向目标，抬起右臂，弯曲肘关节，然后用肘尖从上向下击打目标。（图 3–122）

2）当对手用右直拳攻击我（穿黑裤者）上体目标时，我可以用左脚迈向对手右侧，避开攻击，并用砸肘击打对手肩部或者面部目标。（图 3–123）

图 3–122

图 3–123

3）当对手用直拳进攻时，我（穿浅色裤者）可以先将上体后仰，避开攻击，然后迅速靠近对手，用砸肘击打对手头部目标。（图 3–124）

①

②

图 3–124

4）当对手准备扫踢我（穿浅色裤者）上体时，我可以绷紧手臂，用砸肘击打对手小腿胫部（图 3–125）。这种方法的前提是肘部必须经过系统的锻炼，否则容易损伤肘关节。

图 3–125

5）当对手用膝进攻时，我（穿浅色裤者）可以侧转身体避开攻击，然后用砸肘击打对手颌部。（图 3–126）

图 3–126

6）当对手使用右砸肘时，我（穿黑色裤者）可以向对手外侧闪避，并用右平勾拳击打对手肋部。（图 3–127）

7）当对手用右砸肘进攻时，我（穿黑色裤者）也可以将上体后仰，用手臂挡住攻击；同时，用膝击打对手腹部。（图 3–128）

图 3–127

图 3–128

8）当对手靠近我（穿黑裤者）并用左手实施砸肘时，我可以用右手挡住攻击，并用左上勾拳打击对手颌部。（图 3–129）

9）当对手用右砸肘攻击我（穿黑裤者）面部时，我可以用左臂挡住攻击，并用右肘打击对手胸部或者颌部。（图 3–130）

图 3–129

图 3–130

10）当对手用右砸肘进攻时，我（穿黑裤者）可以用手臂挡开攻击；同时，迅速用右腿扫踢对手上体目标。（图 3-131）

图 3-131

## 六、反肘

所谓反肘，即主动转身背朝对手，并借助转身的动力用肘关节打击身后对手的一种技术。

反肘被看做是一项致命的泰拳技术。一记突然而凶狠的反肘，其威力足以将对手击倒。通常，反肘的击打目标是面部、颌部、颈部及胸部。

正确的警戒式和良好的平衡能力是成功实施反肘的要素。如果警戒式不正确，或者身体的平衡能力不佳，就无法有效地应用反肘。

1）我（穿黑裤者）可以先假装用右腿扫踢对手腿部，并

故意错过目标，这样可以使对手的注意力集中在腿上。完成佯攻后，顺势逆时针转体，向后用左肘打击对手颌部。（图 3-132）

①

②

图 3–132

2）反肘可以用来对付踢击。如果对手用右腿扫踢，那么我（穿黑裤者）可以用手按住对手大腿，然后迅速沿逆时针方向转体，用反肘打击对手面部目标（图 3–133）。运用这种技术必须选择恰当的时机。

①

②

图 3–133

3）当对手出左摆拳时，我（穿黑裤者）可以用右手挡住来拳，随即沿顺时针方向转体；同时，用反肘打击对手头部目标。（图 3–134）

①

②

图 3–134

4）当对手准备用右膝进攻时，我（穿黑裤者）可以沿逆时针方向转体，使对手的膝关节从我的身体侧面擦过，并用反肘打击对手颌部。（图 3–135）

虽然反肘能够重创对手，但也能够遭到反击。一些拳手并不精于反肘技术，因而他们实施反肘时就会被轻易反击。

5）当对手实施右反肘时，我（穿黑裤者）可以用左肘抵住对手上臂，阻止其进攻。（图 3–136）

图 3–135

图 3–136

6）当对手向后转身，准备用右臂实施反肘时，我（穿浅色裤者）可以用手臂阻挡攻击，并用右膝打击对手肋部。（图3–137）

图 3–137

7）要反击反肘，我（穿黑裤者）还可以用手臂封锁对方的攻击，然后用扫踢攻击对手上体目标。（图 3–138）

① ②

图 3–138

# 第七节　膝 法

膝被视为泰拳的致命武器，如果使用得当，可以产生强大的攻击效果。

膝法的打击目标通常是对手上体到颌部和腹部区域。使用膝法时，应该对准目标直接进攻，如果膝关节的运动方向发生偏斜，或者动作不到位，那么打击效果就会降低。实战中，支撑腿距离对手越近，膝击的威力就越强大。

泰拳的膝法可以分为很多类型，比较典型的有以下几种：

## 一、直膝

所谓直膝，即用膝关节沿直线攻击对手的一种技术，是泰拳中最基本、最常见的膝法。

直膝技术源于何时尚未有所记载，但可以合理地推测，直膝的擂台应用应该始于废除棉线缠拳之后。在棉线缠拳时代，拳手的汗液、血、肉和浸透棉线的米浆融为一体，使得拳峰异常尖锐，缠有棉线的双拳可以在对手身上任何部位造成损伤。因而在那个时代，泰拳手使用的膝法多为飞膝和跳膝，几乎没有人敢使用其他膝法。当棉线被拳击手套取代以后，新的技术便得到了发展，在比赛中，泰拳手得以在站立的姿势下用膝法打击目标，而不必像过去那样跳起来实施膝击。

实施直膝必须讲究身体各个部位的动作协调配合。

1）以右直膝为例，练习时，用左脚迈向目标，提起右腿，弯曲膝关节，上体略微后仰，髋部前挺，用膝关节沿直线前冲

(图 3-139)。这样的姿势能够增强膝击的力度，同时也可以增加对手出拳反击的难度。

直膝打击的目标通常是腹部，如果可能的话，还可以打击颌部，不过许多泰拳手会把腹部区域作为首选目标。

许多泰拳手往往会寻求机会搂住对手颈部，然后实施直膝，这就是所谓拉颈膝撞技术。其实搂住对手颈部实施膝击的方法并不十分安全，容易被对手用上勾拳或者肘法反击。较为

①侧面

②正面

③侧面

图 3-139

妥当的方法是抓住对手肩部而不是颈部，然后再实施直膝。

2）实战中，在对手保持警戒姿势的情况下，我（穿黑裤者）可以先用其他技法进行佯攻，使对手暴露出目标，然后靠近对手，用距离对手最近的手臂或者双臂抓住对手肩部，并用力回拉，随即实施直膝。（图 3–140）

①

②

图 3–140

一旦手臂接触到对手肩部，就应该迅速用力回拉，至于对手的肩部应该被拉到什么高度，则因人而异。当对手的身体被拉到适当高度时，我就可以用直膝打击对手腹部。对手被击中以后往往会把注意力转移到身体下方，这时我就可以用肘打击对手的面部目标。

3）直膝可以用来发动进攻，同时也可以作为反击技术来使用。如果对手用摆拳攻击我（穿浅色裤者）耳部或者颌部，我可以用一只手臂挡住来拳，另一只手臂抓住对手肩部，并用力下拉；同时，迅速用直膝击打对手腹部（图 3–141）。完成膝击后，还可以用肘打击对手面部目标。

①

②

图 3–141

4）直膝可以用来反击直拳。当对手用右直拳攻击我（穿浅色裤者）面部时，我可以向左侧闪避，并抓住对手肩膀回拉；同时，用直膝打击对手腹部。（图 3–142）

5）直膝可以用来对付平勾拳。当对手准备用平勾拳攻击我（穿黑色裤者）耳部或者上体时，我可以用一只手伸向对手肩部，另一只手推向对手肘关节，然后用力下拉，这时，对手将暴露出腹部目标，我就可以用直膝打击对手腹部。（图 3–143）

图 3–142

图 3–143

6）在对手占有身高优势的情况下，如果对手出平勾拳攻击我（穿黑裤者）面部，我可以用一只手保护颌部；同时，用另一只手抓住对手肩部并用力下拉，然后用直膝打击对手腹部。（图 3–144）

图 3–144

7）一些拳手喜欢抱住对手颈部实施膝击。遇到这种情况，可以将身体贴近对手，然后双手靠拢，撑住对手腹部，使其失去膝击条件，随即用直膝打击对手腹部。（图 3–145）

8）直膝也可以用来对付扫踢。当对手扫踢我（穿浅色裤者）上体时，我必须同时用膝部和肘部来防守。防守时，膝关节应该尽可能接近肘部，以防对手的踢击滑过空隙突破防守。对手完成扫踢准备收腿时，我可以用手抓住其腿部，随即用直膝猛击对手大腿部位。（图 3–146）

①

②

图 3-145

①

②

图 3–146

9）当对手用右腿实施扫踢时，我（穿黑裤者）可以用左膝和左肘来防守，然后用直膝打击对手腹部。（图 3–147）

①

②

图 3–147

10）当对手准备用扫踢进攻时，我（穿黑裤者）也可以抢先蹬踢对手大腿，然后伸手抓住对手肩膀，并用力回拉；同时，用直膝打击对手腹部。（图 3–148）

①

②

图 3–148

11）当对手伸出手臂，想要搂住我（穿浅色裤者）颈部时，我同样也可以伸出手臂，撑住对手脖子，破坏对手的平衡，然后就可以用直膝打击对手的腹部区域。（图 3–149）

①

②

图 3–149

12）当对手用直膝进攻时，我（穿黑裤者）可以用一只手推向对手胸部，另一只手挡开膝击，使对手的攻击落空，失去平衡。（图 3–150）

图 3–150

13）当对手伸出手臂，准备抓住我（穿黑裤者）颈部实施直膝时，我可以用手挡开对手的手臂，然后扫踢对手的支撑腿。（图 3–151）

14）当对手实施直膝时，我（穿浅色裤者）可以用手将对手膝关节拨开，使其失去平衡。这时，对手面部区域将失去防护，我就可以用拳打击对手面部或者颌部。（图 3–152）

①

②

图 3–151

图 3–152

## 二、跳膝

跳膝同直膝非常相似，不同之处在于，实施跳膝时，支撑腿需要做出弹跳的动作，以增强打击效果。

1）跳膝的击打目标通常是胸部和颌部。以右膝为例，练习跳膝时，用左脚起跳，右脚离地，用右膝由下而上击打目标。（图 3–153）

2）跳膝多在发生搂抱的情况下使用。与对手搂抱在一起时，如果对手失去平衡，我（穿浅色裤者）就可以用跳膝打击对手。（图 3–154）

3）接近对手时，如果对手疏于防守，我（穿浅色裤者）也可以直接用跳膝进攻。（图 3–155）

①正面

②侧面

图 3-153

图 3-154

图 3-155

4）当对手用跳膝攻击我（穿黑裤者）上体目标时，我可以摆动身体避开攻击，并用直拳反击对手颌部或者腹部。（图3–156）

图 3–156

## 三、飞膝

飞膝的实施方法同跳膝类似，但飞膝是用起跳腿的膝关节进行攻击。

1）飞膝的击打目标是对手的上体和颌部。以右膝为例，实施飞膝时，先提起左腿，用右腿起跳，身体腾空时，用右膝进行攻击。（图 3–157）

使用飞膝必须掌握恰当的时机，如果使用不当，就容易遭到对手反击。

①　　②

图 3–157

2）我们可以用对付跳膝的方法来反击飞膝。另外，当对手准备用飞膝进攻时，我（穿黑裤者）可以用腿蹬踢对手腹部，阻止其完成攻击动作。（图 3–158）

图 3–158

## 四、砸膝

砸膝是指用膝关节由上而下击打目标的一种技术。如果使用直膝、跳膝或者飞膝却未能击中目标，就可以顺势用膝关节向下砸击对手腹部。（图 3–159）

除了上述几种膝法之外，因师承的不同，泰拳中还有其他一些被冠以各种名称的膝法，且各有讲究，但大都可以归类为基本膝法的延伸应用，在此不赘述。

①

②

图 3–159

# 第八节　腿 法

泰拳的腿法有许多招数和变化，泰国各地在腿法方面的实践应用也各有差异。总的来说，泰拳中较为基础的腿法有以下几类：

## 一、前踢

前踢是指由下而上踢击前方目标的腿法。

练习右腿前踢时，重心移向左脚，提起右腿，然后伸直膝关节，用右脚尖或者脚背由下而上踢击目标。（图 3–160）

基于目标选择的不同，前踢又可以分为以下三种：

①

②

图 3–160

### 1. 低位前踢

低位前踢的目标通常是对手腹部以下的部位。实战应用前，应该先利用沙袋进行练习。练习时，面朝沙袋，正直站立，然后上体略微后仰，将力量传到脚尖或者脚背，踢击沙袋底部。实战中，我（穿浅色裤者）可以先用刺拳或者直拳佯攻，使对手把注意力集中在上面，然后迅速踢击对手下部目标。（图 3–161）

①

②

图 3–161

## 2. 中位前踢

中位前踢的实战应用类似低位前踢，但踢击的目标一般是从胸部到腹部的区域。（图 3–162）

图 3–162

## 3. 高位前踢

高位前踢是由两个动作构成的腾空腿法。实施时，如果准备用右腿踢击，就应该先提起左腿，用右腿起跳，身体腾空时，左腿下落，用右腿由下而上垂直地实施踢击。（图 3–163）

要想有效地实施高位前踢，就必须具备良好的灵活性和平衡能力，并且善于把握攻击时机。如果没有击中目标，就有可能跌倒在地，遭到对手的反击。

①

②

图 3–163

当对手用高位前踢进攻时，我（穿黑裤者）可以将上体后仰避开攻击，在对手完成踢击落地的瞬间，我就可以扫踢对手的支撑腿将其击倒。（图 3–164）

①

②

图 3-164

## 二、蹬踢

蹬踢是一种颇具威力的腿法。蹬踢的动作与前踢相似，不同之处在于，蹬踢的发力方向是直着向前，着力点通常是脚前掌。

1）以右腿为例，练习蹬踢时，重心移向左脚，提起右腿，上体略微后仰，髋部前挺，用脚前掌向前方踢击目标。（图 3–165）

①正面

②侧面

图 3–165

2）实战中，当需要调整体力，而对手仍然试图逼近时，就可以用蹬踢来阻止对手的进攻。（图 3–166）

3）当对手准备用直拳或者摆拳进攻时，我（穿浅色裤者）可以蹬踢对手的腹部。（图 3–167）

图 3–166

图 3–167

4）对手准备用扫踢进攻时，一旦察觉其意图，我（穿黑裤者）就可以用蹬踢攻击对手进攻腿的大腿部位，阻止其进攻。（图 3–168）

5）当对手用蹬踢进攻时，我（穿浅色裤者）可以抓住对手脚跟，并蹬踢对手的支撑腿，使其失去平衡。（图 3–169）

图 3–168

图 3–169

6）当对手用右蹬踢进攻时，我（穿浅色裤者）可以用手臂挡开攻击，使对手失去平衡，然后用左腿扫踢对手膝关节侧面，将其击倒。（图 3–170）

图 3–170

## 三、扫踢

扫踢是泰拳的著名腿法，可以细分为两类：

### 1. 斜踢

斜踢是泰拳比赛中使用频率较高的腿法，主要用于攻击对手上体的目标。以右腿为例，实施斜踢时，重心移向左脚，倾斜上体，扭转髋部，用脚背或者小腿胫部踢击目标。（图 3–171）

①

②

图 3–171

为了获得最佳踢击效果，应该使踢击路线与地面成 45°夹角，并使身体朝目标相反的方向倾斜。上体倾斜的幅度越大，可以选择的目标位置就越高。实施斜踢时，应该始终保护好面部，以防对手反击。

1）斜踢的目标通常是耳部、后颈、上股和双臂。如果选择后颈作为目标，那么在即将击中目标的一瞬间，可以扭转腿部，使脚背朝下打击目标，并用力下压（图 3–172），这样可以增强打击效果。

2）对手用直拳进攻时，我（穿黑裤者）可以摆动上体避开来拳，使对手的直拳击空，随即用斜踢攻击对手腹部。（图3–173）

图 3–172

图 3–173

3）对手用挑肘或者砸肘进攻时，我（穿浅色裤者）可以将上体后仰避开攻击，同时扫踢对手腹部或者肋部。（图 3–174）

图 3–174

4）当对手用斜踢攻击我头部时，我（穿黑裤者）可以迅速下蹲进行闪避；同时，用双手保护上体目标。对手的踢击落空时，我就可以用斜踢打击对手的支撑腿，将其击倒。（图 3–175）

5）当对手用斜踢攻击我（穿黑裤者）上体时，我可以侧转身体避开踢击，同时伸手搂住对手肩膀，并用直膝打击对手腹部。（图 3–176）

6）当对手准备实施斜踢时，我（穿黑裤者）可以蹬踢其裆部或腹部。当对手失去平衡时，我就可以用拳法或者膝法打击其胸部或者腹部。（图 3–177）

①

②

图 3–175

图 3-176

①

图 3-177

②

## 2. 低扫踢

低扫踢同样是泰拳比赛中常见的腿法，目标通常是膝关节。实战中，可以根据实际情况选择扫踢对手膝关节外侧或者内侧。

1）以右腿为例，扫踢对手膝关节时，两腿略微屈膝，然后扭转髋部，挺直右腿，用脚背或者小腿胫部扫踢对手膝关节或者腘窝部位。（图 3–178）

①

图 3–178　②

2）当对手准备用膝攻击我（穿浅色裤者）时，我可以用手拨开对手膝部，然后扫踢对手支撑腿的膝关节。（图 3-179）

①

②

图 3-179

## 四、鳄鱼摆尾

鳄鱼摆尾即后旋踢，动作难度大，要求拳手具备良好的灵活性和平衡能力。

1）以右腿为例，练习时，重心移向左脚，上体沿顺时针方向扭转；同时，回头观察目标，然后上体前倾，沿顺时针路线摆动右腿踢击目标。（图 3–180）

①

②

图 3–180

2）当用右腿实施扫踢落空时，即可顺势用右腿作为支撑腿，向后沿逆时针方向摆动左腿，用脚跟打击对手耳部或者颌部。（图 3–181）

①

②

图 3–181

3）也可以先假装用右腿扫踢对手腿部，转移对手的注意力，当右腿落回地面时，立即倾斜身体沿逆时针方向摆动左腿踢击对手颌部或者颈部。（图 3–182）

①

②

图 3–182

4）当对手准备用后旋踢进攻时，我（穿浅色裤者）可以在对手转体的同时运用步法撤离对手踢击范围，并蹬踢对手臀部，使其失去平衡。（图 3–183）

5）如果对手用后旋踢进攻，我（穿黑裤者）可以抬高手臂阻挡对手的踢击；同时，用膝打击对手大腿。（图 3–184）

图 3–183

图 3–184

6）对手用后旋踢进攻时，我（穿黑裤者）也可以用肘部挡住攻击，然后用砸肘打击对手腿部。（图 3–185）

图 3–185